AF317626

DES CONGÉLATIONS

OBSERVÉES A CONSTANTINOPLE

PENDANT L'HIVER DE 1854 A 1855.

DES

CONGÉLATIONS

OBSERVÉES

A CONSTANTINOPLE

PENDANT L'HIVER DE 1854 A 1855 ;

PAR

M. LEGOUEST,

Médecin-major, professeur agrégé au Val-de-Grâce.

PARIS,

IMPRIMÉ PAR HENRI ET CHARLES NOBLET,
Rue Saint-Dominique, 56.

1856

DES CONGÉLATIONS

OBSERVÉES A CONSTANTINOPLE

PENDANT L'HIVER DE 1854 A 1855.

Quelques-uns de nos confrères et collègues ont cru devoir attribuer les affections des extrémités in-férieures qu'il nous a été donné d'observer pendant l'hiver de 1854 à 1855 à Constantinople, à une cause spécifique qu'ils sont loin d'avoir encore précisée : il paraîtrait que le scorbut, ou une maladie plus grave encore, à leur dire, aurait joué un grand rôle et fait sentir presque uniquement son influence dans la production de ces affections. Quoi qu'il en soit, ils n'ont pas encore formulé leur pensée, et nous de-vons les croire eux-mêmes dans tout le vague où ils nous laissent. Alors même que nous faisions nos ob-servations, un médecin allemand, écrivant loin des lieux où se passaient les faits, d'après des indications plus ou moins revêtues de garanties de science et d'authenticité, a prétendu que l'armée anglaise avait été atteinte d'ergotisme gangréneux : *à priori* il semblerait assez singulier que les armées alliées, par-tageant les mêmes conditions militaires et hygiéni-ques, fussent atteintes de maladies différentes, si les observations des médecins anglais, meilleurs juges en cette affaire que l'écrivain allemand, ne devaient, par leur concordance avec les nôtres, faire rejeter complètement leur opinion.

Ce que nous avons vu dans les hôpitaux de Cons-tantinople, ce sont des congélations à divers degrés, dans la production desquelles nous admettons avec tout le monde une prédisposition, née du défaut de vitalité et de réaction, qu'ont engendrée les fatigues, les souffrances et la misère contre lesquelles lutte avec courage notre armée de Crimée.

Nous exposerons, dans le cours de ce travail, les différents phénomènes produits par le froid qui ont été observés par nous, et son action sur les extrémités inférieures surtout ; nous dirons quels sont les moyens de traitement que nous avons employés ; nous essaierons de faire ressortir les différences capitales existant entre les divers degrés des brûlures et des congélations que l'on a peut-être trop exactement rapprochés ; de prouver que le froid a été la cause des accidents que nous allons décrire, et d'apprécier les circonstances atmosphériques et hygiéniques au milieu desquelles il leur a donné naissance.

D'après les tables météorologiques publiées dans le *Moniteur officiel*, sur les variations atmosphériques de la Crimée pendant l'hiver qui vient de s'écouler, on peut voir que la température ne s'est jamais abaissée au-dessous de —7° ou —8°, et qu'elle s'est maintenue moyennement entre —4° et 5° ; que des neiges abondantes ont couvert le sol pendant une grande partie des mois de décembre, janvier et février ; qu'il est tombé des quantités considérables de pluie ; enfin que ce sont les vents de sud-ouest qui ont le plus souvent régné.

La température à laquelle ont été soumis nos soldats a donc été généralement froide et humide ; à peine ont-ils pu compter quelques jours de froid sec ; presque sans bois, sans abris suffisants, un grand nombre sont restés plus de quinze jours sans pouvoir faire sécher leurs vêtements ; les troupes de garde aux tranchées passaient vingt-quatre heures presque immobiles, soit dans la neige jusqu'à mi-jambe, soit dans une boue glacée de neige fondue qu'elles retrouvaient à leurs bivouacs. Toutes les circonstances notées par les chirurgiens militaires après la retraite de Russie comme les plus favorables aux congélations, ont produit, en Crimée, des résultats analogues à ceux que nos devanciers avaient déjà observés ; mais nous ne croyons pas devoir nous y arrêter plus longtemps, nous réservant de signaler chemin faisant quelques différences de peu de valeur quant au fond du sujet.

Les engelures, ou mieux les gelures au premier degré, ont été rares, surtout aux pieds ; nous n'en avons pas vu aux oreilles, non plus qu'au nez, au menton ou à la verge ; elles se sont présentées avec leurs caractères ordinaires, c'est-à-dire une tuméfaction plus ou moins considérable des doigts ou des orteils atteints ; une coloration d'un rouge vif ou d'un rouge brun de la peau ; une tension des téguments coïncidant surtout avec la première coloration ; une douleur ou un prurit modérés le jour, quelquefois nuls, mais s'exaspérant le soir au point de ne permettre le sommeil qu'à une heure assez avancée de la nuit.

Une douce et uniforme chaleur, quelques fomentations d'alcool camphré, d'eau de Goulard ou d'essence de térébenthine en ont eu raison.

Dans quelques cas, ces engelures se sont ulcérées et ont alors revêtu leur physionomie habituelle : une petite plaie grisâtre, suppurant modérément, et n'ayant nulle tendance à la cicatrisation. Nous nous sommes bien trouvé de l'emploi de la pommade de goudron sur ces ulcères.

La rareté des gelures au premier degré s'explique par l'absence des circonstances qui les produisent d'ordinaire, l'exposition alternative des parties à un froid vif, et immédiatement après à une chaleur intense.

Une forme plus fréquemment observée, que nous rattacherons à ce premier degré des effets du froid, c'est un épaississement notable du derme et du tissu cellulaire qui le double, avec coloration rouge-brun : cette altération occupait quelquefois une très-grande étendue ; elle siégeait habituellement sur la face dorsale des pieds et la face externe des jambes ; la peau avait perdu sa souplesse et sa mobilité sur les tissus sous-jacents; son épaisseur était souvent double de l'épaisseur ordinaire ; sa teinte bistre, uniformément répandue, était assez nettement limitée, et la sensibilité avait totalement disparu dans ces limites mêmes. Quelques malades marchaient sans ressentir l'impression du sol ; n'ayant pas la conscience d'avoir posé le pied à terre, leur marche était indécise jusqu'à ce que l'habitude l'assurât. On pourrait donner le nom d'engelures chroniques à ces accidents qui mettent un temps fort long à s'amender. La coloration, l'épaississement et la dureté du derme disparaissent les premiers ; la sensibilité ne revient que la dernière et graduellement ; plusieurs malades ne l'ont pas encore recouvrée, bien que leur affection date de cinq ou six mois, qu'ils se chaussent et marchent comme à l'ordinaire.

L'impression prolongée du froid humide par l'entremise des vêtements semble donner naissance à cette forme chronique des gelures, contre laquelle on emploiera avec succès les frictions sèches ou aromatiques et excitantes, en même temps qu'on tiendra les parties enveloppées dans des tissus de laine.

Le second degré des gelures a été beaucoup plus fréquent que le premier : constitué, comme chacun sait, par des phlyctènes renfermant une sérosité blanchâtre, quelquefois grumeleuse, il s'est principalement montré sur la face dorsale des doigts, des orteils et des pieds. Ces phlyctènes, entourées d'une auréole très-limitée d'un rouge brun, disparaissaient, les unes en laissant au-dessous d'elles un épiderme reconstitué, fin, rosé, un peu ridé, très-sensible ; les autres, des ulcérations grisâtres, insensibles, très-lentes à se cicatriser, très-difficiles même à modifier, et auxquelles nous avons appliqué le même traitement qu'aux ulcérations succédant aux gelures de premier degré, avec lesquelles elles présentent une parfaite analogie.

Nous avons vu très-souvent, plus fréquemment

même que les épanchements séro-purulents dont nous venons de parler, des épanchements de sang sous l'épiderme; nous ne les avons jamais rencontrés aux mains, mais toujours aux pieds, à la face plantaire des orteils, à la plante du pied même ou au talon, très-rarement sur la face dorsale des membres. Les épanchements sanguins affectant spécialement les parties où l'épiderme présente la plus grande épaisseur, diffèrent beaucoup des phlyctènes séro-sanguinolentes que l'on rencontre dans les gangrènes ou les fractures : ils s'étendent en nappe sous l'épiderme, qu'ils colorent, par imbibition, en noir très-foncé. La meilleure idée qu'on puisse en donner, c'est de les comparer à ces petits épanchements de sang qui se forment sous la peau, quand celle-ci est violemment pincée, la plupart du temps aux doigts ou aux mains, en enfonçant maladroitement un clou, ou en fermant une porte, une boîte, ou en tendant un ressort, et que l'on connaît vulgairement sous le nom de *pinçons*.

Ces épanchements sont quelquefois très-vastes; ils occupent la moitié antérieure de la face plantaire, y compris les orteils, ou bien le talon tout entier; ils sont durs, non douloureux, à moins d'une pression très-forte; aucune auréole ne les limite; ils sonnent à la percussion, absolument comme des tissus momifiés. Quand on perfore l'épiderme, le sang ne s'écoule pas : dans le principe, il est visqueux; mais après un temps très-court il se convertit, sur la face dermique de l'épiderme, en un dépôt plus noir que l'épiderme lui-même, et prend l'aspect d'un vernis desséché se détachant par écailles.

La chute de cette masse de sang concret et de l'épiderme qui la recouvre, se fait attendre fort longtemps; en l'enlevant, ou lorsqu'elle tombe spontanément, on trouve au-dessous le derme avec un épiderme reconstitué, ou bien le derme simplement humide, ou bien encore le derme rouge-brun, ulcéré, et ne tardant pas à pousser des bourgeons exubérants ren-

versés en champignons, noirâtres, saignant facilement, donnant une suppuration très-abondante, et
présentant une sensibilité des plus vives. En tout état
de cause, il y a plus d'inconvénients que d'avantages
à provoquer la chute de l'épiderme, qui constitue le
meilleur topique sur l'épiderme nouveau ou sur le
derme dénudé ou érodé, qu'il préserve du contact de
l'air.

Il arrive quelquefois que ces épanchements, dont le
siège de prédilection est, comme nous l'avons dit,
la face plantaire du pied, se rencontrent aux orteils,
dans leur totalité, ou le long des bords et surtout du
bord externe du pied, faisant toujours suite à ceux
des orteils. Quand on est appelé à les observer de
bonne heure, ils offrent un peu de mollesse et une
coloration bleuâtre qui permet, avec un peu d'attention, de les distinguer de la gangrène momifique :
mais quand on les examine après un certain temps
de leur existence, ils sont noirs, durs, un peu ridés,
aussi bien à la face dorsale qu'à la face plantaire des
orteils, que l'on serait tenté de croire véritablement
frappés de mort.

Le degré suivant est caractérisé par des taches d'une
coloration bleu-noirâtre, quelquefois diffuse, quelquefois bien limitée. Ces taches, de la largeur de nos
diverses pièces de menue monnaie, siègent habituellement soit au talon, soit au bout du gros orteil, soit
sur la tête du premier métacarpien, ou sur la tubérosité postérieure du cinquième ; îlots perdus souvent
au milieu des tissus sains, plus souvent dans le centre
de tissus devenus bruns et présentant les caractères
des engelures chroniques.

Ces taches noires sont des escharres molles, que
l'on aperçoit à travers l'épiderme non soulevé et conservant sa transparence ; elles se détachent ordinairement à une époque très-reculée, et sont remplacées
par une ulcération fongueuse, bourgeonnante, donnant naissance à une abondante suppuration, saignant
souvent et au moindre contact, supportant à son som-

met une portion gangrénée du derme irrégulièrement frangé.

D'autres fois leur chute s'opère avec une délimitation très-exacte et très-nette, comme à l'emporte-pièce, et au-dessous se présentent des tissus rougeâtres, à peu près secs, au niveau des téguments externes, et n'ayant nulle tendance à la cicatrisation.

Les différences dans les résultats de la chute des escharres nous ont paru être en rapport avec la profondeur de l'altération des tissus, plus grande dans le premier cas et atteignant les muscles, moindre dans le second et se bornant au derme. Dans l'un comme dans l'autre, les malades n'accusent que fort peu de douleur.

Ce degré s'est présenté fréquemment à notre observation, sous ses deux formes et dans une égalité de nombre, ou à peu près ; il était très-souvent multiple, et l'on trouvait deux, trois, quatre, cinq points ainsi altérés sur le même pied. C'est habituellement sur les saillies formées par les os qu'on les a rencontrés, rarement sur la face dorsale du pied, plus rarement encore sur la face plantaire. Presque toujours, lorsque l'escharre a été remplacée par des fongosités saignantes, la portion d'os qui les supportait avait subi quelque altération : c'est ainsi que la tubérosité postérieure du cinquième métatarsien et la tête du premier ont été trouvées cariées, et que des articulations, surtout l'articulation métatarso-phalangienne du gros orteil, ont été souvent ouvertes. Les frottements des surfaces articulaires érodées avertissaient seuls de l'accident qui s'était produit, sans autre phénomène appréciable. Quand ces fongosités se sont montrées au voisinage de l'ongle, elles l'ont soulevé, l'ont renversé en arrière, et, alors même qu'elles se sont affaissées et cicatrisées, l'ongle n'a pas moins continué à croître perpendiculairement à l'axe de l'orteil, rendant la marche et la chaussure très-douloureuses.

Lorsque le froid a agi sur les tissus avec une intensité plus grande encore, d'autres phénomènes se présentent à l'observation : colorées en bleu foncé, livides, les parties sont un peu tuméfiées ou plutôt semblent gorgées de liquide, conservent l'impression du doigt, se relèvent lentement, et ont perdu touté sensibilité ; elles sont frappées de mort. La gangrène atteint très-souvent les orteils tout entiers ou en partie, souvent l'avant-pied jusqu'au milieu des métatarsiens et plus haut encore, quelquefois le pied tout entier et la jambe à une hauteur plus ou moins grande. Dans les cas que nous avons sous les yeux, nous lui avons toujours vu pour limite la partie inférieure du mollet, c'est-à-dire le lieu où le tendon d'Achille se détache des jumeaux et des soléaires. L'épiderme ne présente que rarement des phlyctènes, qui, dans ce cas, sont remplies de sérosité roussâtres ; mais il se détache facilement sous un frottement un peu rude, et se comporte comme celui des cadavres qui sont restés longtemps sous l'eau. Il est donc alors fort difficile, sinon impossible, de dire jusqu'à quelle distance des os sont parvenues les atteintes du mal ; mais la congélation en totalité ne se produisant la plupart du temps que sur des parties recouvertes par une couche assez mince de téguments ou de tissus, ces derniers sont frappés de mort dans toute leur épaisseur; et, dans presque tous les cas que nous avons eus sous les yeux, les os ont été dénudés complètement, ou plus ou moins dépouillés des couches musculaires et tégumentaires qui les recouvraient.

Cette mortification est, pour ainsi dire, une gangrène d'emblée ; elle diffère essentiellement de celle qui peut suivre la réaction dans les tissus où l'abaissement de la température a amené la stase du sang : aussi bien que de celle qui s'empare des parties qui ont subi des modifications incompatibles avec la vie, mortifications que l'on peut nommer consécutives; elle n'a, en effet, nulle tendance à l'envahissement, et reste parfaitement limitée et localisée.

Après un temps qui varie suivant l'âge, la force, la constitution et la race des individus (ce temps est de moitié plus court chez les nègres), mais toujours après un temps assez long, la dessiccation s'empare du membre, en commençant par les orteils, qui se rident, s'amoindrissent, se momifient, et acquièrent la dureté et la résonnance du bois. Selon que l'effet du froid s'est fait sentir plus ou moins haut sur le membre, les phénomènes se produisant de proche en proche remontent vers le tronc, et le sillon éliminateur, dont la place est marquée d'avance par la limite de la coloration bleuâtre des téguments, se creuse entre le mort et le vif. L'escharre restant à l'état humide dans l'étendue de $0^m,03$ environ, les parties demeurées vivantes se comportent de deux manières différentes.

Une inflammation légère se borne, la plupart du temps, aux environs du cercle éliminatoire; elle n'envahit les téguments que dans l'étendue de 0,01 à 0,02 centimètres.

Quelquefois, au contraire, dans une étendue de 0,15 à 0,20 centimètres, on remarque sur toute la circonférence du membre une coloration rouge-brun, accompagnée de dureté et d'empâtement; les parties ainsi altérées sont très-douloureuses à la pression; un pansement un peu trop serré, le pli d'une bande mal appliquée, et surtout l'action intempestive de l'instrument tranchant, y déterminent rapidement et avec la plus grande facilité des points gangréneux.

Le sphacèle complet du membre, quand il se produit d'emblée, a la plus grande analogie avec la gangrène sèche, ou avec la gangrène sénile. Mais la momification des parties, bien que très-générale, n'a pas toujours eu lieu, et quelques membres congelés ont parcouru les phases de la gangrène humide : les tissus se sont détachés en escharres molles, laissant à nu les os qui mettaient un temps fort long à se séparer du membre, soit dans leur continuité, soit dans leur contiguïté. Cette gangrène secondaire, pro duit d'une congélation moindre ou consécutive à la réaction, doit être rangée, au contraire, à côté des gangrènes humides: dans les cas que nous avons vus, elle n'a pas montré de tendance à s'étendre au-delà des parties primitivement affectées par le froid; elle n'a jamais amené la mortification d'un membre dans sa totalité; mais, occupant souvent une très-vaste surface, elle n'en a pas moins eu de funestes résultats.

C'est avec les phénomènes suivants qu'elle s'est le plus fréquemment montrée : les membres modérément tuméfiés, assez résistants, présentaient une coloration rouge-violet, marbrée de taches noirâtres; ils étaient chauds, douloureux. Peu de temps après, les taches noires perdaient la consistance des tissus voisins, se ramollissaient et devenaient fluctuantes : si l'on n'intervenait pas avec le bistouri, les téguments s'amincissaient graduellement, s'ulcéraient de dedans en dehors, se rompaient, et laissaient s'écouler un liquide composé de sang, de pus et de détritus gangreneux, sans aucun mélange de gaz. Ces foyers de liquide avaient la plupart du temps pour siège le tissu cellulaire profond intermusculaire, et, dans ce cas, ils étaient mal limités, fusaient et provoquaient des décollements sous les téguments et entre les masses musculaires. D'autre fois, ils siégeaient dans l'épaisseur des muscles eux-mêmes, creusés de vastes pertes de substance parfaitement circonscrites. D'autres fois encore, les muscles et le tissu cellulaire ambiant avaient servi à les former; la gangrène s'emparait, dans les limites exactes du foyer, de ses parois tégumentaires, et l'on voyait apparaître des hémorrhagies. Un ou plusieurs de ces foyers envahissaient les jambes, quelquefois les cuisses, donnant aux membres un aspect analogue à celui que leur impriment les tumeurs charbonneuses à leur dernière période.

Néanmoins, nous ne saurions assez le répéter, parce que les relations des congélations observées à la suite de l'expédition de Bou-Thaleb (Algérie, province de Constantine, décembre 1845) rapportent des faits contraires à ceux que nous avons vus, cette gangrène ne marchait pas avec la rapidité de la gangrène traumatique; elle ne procédait pas des extrémités sur le tronc. Car souvent l'apparition de foyers gangréneux supérieurs précédait celle de foyers se produisant plus bas; elle se bornait aux parties primitivement altérées dans leur volume, leur consistance et leur coloration (1).

La plupart de ces derniers cas, et tous ceux de mortification d'emblée remontant jusqu'à mi-jambe, se sont terminés par la mort.

Ces deux genres de gangrène ont eu les mêmes causes mais une marche et des débuts différents. Les gangrènes d'emblée se sont produites sans que les hommes en aient eu autrement conscience que par l'insensibilité qui succédait à un sentiment douloureux de froid excessif. Après quelques heures de séjour dans la neige fondue, ils ne pouvaient plus se soutenir immobiles; quelques-uns se traînaient péniblement, ne sentant plus leurs pieds, selon leurs propres expressions; pour la plupart, la marche était devenue impossible, et ils étaient rapportés par leurs camarades. Leurs pieds se coloraient légèrement en rose ou devenaient tout à fait pâles; ils étaient un peu tuméfiés, et, le lendemain ou le jour suivant, ils présentaient les phénomènes que nous avons décrits précédemment.

Les gangrènes secondaires atteignaient surtout les militaires plus vigoureusement constitués ou plus énergiques, sur lesquels le froid avait moins d'action, qui cherchaient à le combattre par le mouvement,

---

(1) Voir : *Relation médico-chirurgicale de l'expédition de Bou-Thaleb*, par C. Schrimpron. Constantine, 1846; *de la Gangrène par congélation*. Ad. Ladurexu, Lille, 1818 ; et plusieurs thèses de Paris, de 1846 à 1849.

qui excitaient en un mot la réaction. Chez ceux-là, les parties présentaient d'abord un gonflement assez notable ; elles étaient marbrées de teintes rouges, blanches et violettes, durcissaient un peu, et passaient, dans les premières vingt-quatre heures, à l'état que nous avons signalé.

Nous n'avons pas rencontré à Constantinople un des effets du froid très-bien décrit par M. Bégin, dans le *Dictionnaire de Médecine et de Chirurgie pratiques*, et que nous avions pu constater nous-même en décembre 1849 à l'armée du Rhin. Exposées nues à un vent de bise très-froid et violent, les parties et surtout les mains ne tardent pas à pâlir, pour prendre bientôt la couleur et la consistance de la vieille cire blanche ; elles sont un peu tuméfiées, insensibles et complètement inertes. M. Bégin signale le danger, en pareil cas, d'une réaction trop vive, et nous avons vu tomber en gangrène des parties sur lesquelles on avait négligé d'en régler convenablement la marche. Peut-être nos confrères de Crimée ont-ils pu observer ces accidents, que nous rappelons ici parce qu'ils donnent lieu à des gangrènes secondaires, comme ceux que nous avons dit avoir plus souvent rencontrés.

Il nous a été donné de voir, dans les nombreuses autopsies que nous avons faites, les altérations anatomo-pathologiques résultant des effets du froid. Les escharres produites d'emblée ne présentaient rien de spécial ; elles se comportaient selon la profondeur à laquelle les parties avaient été atteintes. Dans les tissus qui avaient éprouvé une réaction, on rencontrait l'infiltration séreuse ou purulente des couches cellulaires ; des traînées gangréneuses suivant les os et aboutissant soit à des ulcérations, soit à des foyers purulents. Les os étaient devenus plus friables. Ils présentaient une raréfaction de leur substance, dont les aréoles étaient imbibées d'un liquide jaunâtre, glaireux, sanguinolent ou purulent. Cette altération se remarquait surtout vers leurs extrémités, qui se laissaient facilement entamer par le scalpel. Il était rare qu'un os n'eût pas souffert du voisinage de la mortification des tissus, alors même qu'une certaine épaisseur de ceux-ci le recouvrait encore; et, une fois atteint, il l'était généralement dans toute sa longueur. Ce dernier phénomène donnait lieu, dans les tissus sains, à tous les accidents provoqués par la carie ou la nécrose, et compromettait gravement l'existence des parties primitivement respectées par le froid.

L'explication de cette altération isolée des os, partant d'une ulcération qui les a mis a nu ou à peu près, et se prolongeant dans leur continuité au-dessus de téguments parfaitement conservés, nous paraît être toute physique, et résider dans l'inégalité d'aptitude à transmettre le calorique que présentent les parties molles et les os, ceux-ci possédant cette aptitude à un plus haut dégré que celles-là.

Nous avons souvent remarqué, dans l'épaisseur du tissu cellulo-adipeux de la plante du pied, chez des hommes qui n'avaient eu que quelques orteils congelés, ou chez lesquels les pieds étaient intacts, de petits épanchements sanguins en nombre très-considérable, renfermés dans les mailles cellulo-adipeuses mêmes. Le volume de ces épanchements variait de celui d'un grain de mil à celui du fruit de l'épine-vinette, avec lequel ils présentaient la plus grande ressemblance. Le sang était congelé et ne s'épanchait pas, alors même que l'on ouvrait la vésicule qui le contenait. Nous avions trouvé des épanchements analogues, quoique moins bien limités, autour des ulcérations et des escharres, aussi bien que dans le tissu cellulaire doublant la peau, sur des membres atteints de ce que nous avons appelé engelures chroniques; mais ce fut notre collègue M. le docteur Tholozan qui nous fit voir pour la première fois cet état de la face plantaire des pieds, état qui n'avait pas d'analogue à la paume des mains. Nous attribuâmes cet état à l'impression locale et prolongée du froid; mais

M. Tholozan nous montra, et nous vîmes depuis plusieurs fois des épanchements en tout semblables, dans le tissu cellulo-graisseux du mésentère, épanchements qu'il semblait rattacher à l'influence scorbutique. Sans rejeter absolument son opinion, et sans nier le scorbut malheureusement trop visible, nous croyons que le froid, influant comme cause générale sur l'innervation et l'hématose, a pu produire ces résultats. Il y a du reste, dans les constitutions médicales analogues à celle que nous subissions alors à Constantinople, des relations si intimes de causes à effets, que toute délimitation tranchée nous paraît impossible. Ces épanchements ne se rencontraient pas seulement dans la masse cellulo-adipeuse de la plante des pieds, mais très-fréquemment dans le tissu cellulaire avoisinant les vaisseaux et les nerfs, dans leurs gaînes mêmes, et accolés soit aux uns, soit aux autres, dans une certaine étendue.

Trois fois nous avons vu une décoloration des muscles de la plante du pied ; cette décoloration existait sur un seul pied, l'autre conservant sa coloration normale. Au lieu d'avoir la couleur rouge qu'on leur connaît, les muscles étaient d'un blanc-jaunâtre un peu rosé : cette teinte se rencontre quelquefois sur la viande qui a subi une cuisson incomplète ; elle est incompatible, sur les tissus vivants, avec le retour à la santé.

Mais dans les cas que nous relatons, et que nous rapportons encore au froid, cet état des pieds n'avait été révélé par aucun phénomène objectif ou physiologique pendant la vie des malades. Quant au piqueté sanguin et aux épanchements de la plante, il était aussi impossible de les prévoir, les malades se plaignant quelquefois de vives douleurs, quelquefois n'en accusant aucune, et l'absence ou la présence des altérations précitées ne venant pas, à l'autopsie, donner raison du silence des organes des uns, pas plus que des douleurs accusées par les autres.

D'après les descriptions qui précèdent, il est possible de rapporter, selon nous, les congélations à cinq degrés :

Le premier, constitué par l'engelure, toujours facile à diagnostiquer, et ne méritant pas, à proprement parler, non plus que le suivant, le nom de congélation ;

Le second, indiqué par des phlyctènes ou des épanchements sanguins, avec ou sans ulcérations consécutives ;

Le troisième, présentant des escharres peu profondes n'intéressant que le derme ou la partie la plus superficielle des muscles sous-jacents ; différence impossible à diagnostiquer *à priori* ;

Le quatrième, intéressant rarement d'une manière uniforme les muscles et le tissu cellulaire intermusculaire à une plus ou moins grande profondeur ; le plus souvent dans plusieurs endroits séparés, quelquefois voisins, quelquefois à une assez grande distance les uns des autres ;

Le cinquième, frappant les membres de mort dans la totalité, soit d'emblée, soit consécutivement.

Il n'est aucun chirurgien qui pensera que les phénomènes locaux que nous avons décrits soient autre chose que les effets du froid. Nous ne nous pissimulons pas que notre description diffère notablement de celles qui ont été données par nos devanciers ; mais nous n'avons pas voulu écrire l'histoire des congélations en général, et nous n'avons eu d'autre but que de raconter les faits que nous avons vus en Orient pendant l'hiver qui vient de s'écouler. L'épidémie scorbutique, sévissant alors dans toute sa force, en a certainement modifié l'aspect ; mais la différence est grande, de l'admettre comme modificateur, ou de l'admettre comme cause. Frédéric Hoffmann a bien dit que la gangrène des pieds était commune chez les scorbutiques : mais ceux-là présentent à un haut degré tous les autres phénomènes de la cachexie, tandis que le plus grand nombre de nos blessés n'en portaient aucune trace, au moins apparente, à moins qu'on ne veuille considérer les gangrènes dont ils étaient atteints comme un accident initial du scorbut.

Nous n'avons pas pu voir les effets immédiats du froid sur l'économie en général. effets que nos collègues de Crimée ont sans doute été appelés à constater. S'il nous a été facile d'en apprécier les effets locaux, de les différencier de ceux produits par le scorbut, d'éloigner ceux-ci pour ne parler que de ceux-là, notre tâche devient plus ardue lorsqu'il s'agit de faire, dans les affections générales que nous avons observées, la part de l'un et celle de l'autre. La plupart de nos malades, aussi bien ceux dont les membres avaient été soumis à des degrés divers de congélation, que ceux qui n'en portaient aucune trace, présentaient un amaigrissement notable, une coloration ictérique de toute la surface de la peau, des douleurs plus ou moins vives dans les membres. Ces douleurs apparaissaient surtout après les contractions musculaires. Chez quelques uns on observait, dans les parties qui avaient été plus que d'autres exposées au froid, une rigidité ou une contracture partielle ; un seul, ayant eu les deux avant-pieds gelés, a succombé au tétanos.

Souvent nous avons constaté un œdème fugace de la face, des paupières surtout, du tissu cellulaire sous-conjonctival ; quelquefois nous avons vu un œdème général.

Une lenteur extrême des mouvements, une paresse, une sorte de torpeur générale, un sommeil de plomb, se faisaient remarquer chez le plus grand nombre ; beaucoup étaient atteints de diarrhées incoërcibles, quelques-uns de dyssenteries sans douleurs abdominales.

La diarrhée au plus haut degré a surtout été observée chez *tous* les hommes dont les extrémités inférieures avaient été congelées en totalité, et pas un d'eux n'a survécu.

Chez le plus grand nombre de nos malades, les premiers phénomènes signalés ne tardaient pas à s'amender; chez d'autres, ils persistaient un temps fort long sans s'aggraver; un ou plusieurs accès de fièvre, qu'on aurait pu confondre avec des accès rémittents, jugeaient le mal dans ces deux catégories, et semblaient être la crise nécessaire à l'établissement de la convalescence; chez d'autres, enfin, on voyait apparaître tous les accidents du scorbut, si l'on en excepte l'altération des gencives qui a été fort rare.

Il eût été fort difficile de démêler dans ces différents états ceux qui seuls étaient dus à l'action du froid, de ceux qui devaient être considérés comme une manifestation du scorbut : si on met en parallèle les symptômes de cette dernière affection avec les phénomènes rapportés au froid par les différentes observations, on sera frappé de leur ressemblance, et forcé néanmoins d'admettre qu'ils peuvent exister indépendamment les uns des autres, puisque les accidents propres au froid se sont montrés à un grand nombre de nos confrères, qui en ont rendu compte sans signaler l'apparition du scorbut.

Nous croyons que le froid, par le trouble qu'il apporte dans l'innervation cérébro-spinale, trouble altérant consécutivement la nutrition et l'hématose, doit être considéré comme la cause de ces états morbides. Si l'on y ajoute secondairement les inquiétudes morales, les fatigues physiques, l'insuffisance de l'alimentation, on trouvera des raisons plausibles à la transformation ou au développement de ces phénomènes primitifs du froid en accidents de scorbut; accidents qu'on a vu naître la plupart du temps sous l'influence prolongée d'une température basse et humide.

Nous ne pensons pas qu'on puisse rapporter à l'ergotisme gangréneux les accidents que nous avons relatés : il est toutefois un fait digne de remarque,

c'est l'apparition de cette affection, signalée par
M. Barrier, chirurgien de l'Hôtel-Dieu de Lyon, dans
les environs de cette ville, au commencement de
l'année 1855 : ce serait faire preuve d'une foi étiolo-
gique un peu bien grande, que de voir là autre chose
qu'une coïncidence.

Nous admettons donc que les effets du froid et ceux
du scorbut ont marché parallèlement sous nos yeux,
s'influençant réciproquement, et par cela même se
produisant avec des modifications spéciales.

Peut-être est-ce à cette circonstance que nous de-
vons d'avoir rencontré une dissemblance assez grande
entre les congélations et les brûlures ; les analogies
apparentes de ces lésions les ont peut-être fait rappro-
cher par les chirurgiens d'une façon trop intime : tous
leurs degrés présentent des différences très-marquées,
et la possibilité d'en faire une classification graduée
a sans doute donné lieu à ces comparaisons tendant
à les confondre.

Une différence notable se remarque tout d'abord
dans le mode de production des brûlures et des gelures : dans les premières, l'altération des tissus est
immédiate; dans les secondes, elle n'est que graduelle.
L'instantanéité est le phénomène saillant des brûlures;
les congélations ne se produisent, au contraire, que
lentement. La réaction locale, dans celles-ci, doit appeler toute l'attention du chirurgien ; dans celles-là,
elle passe souvent inaperçue, et les phénomènes généraux sont les phénomènes dominants. Ces différences, capitales déjà au point de vue général, se
confirment encore lorsqu'on poursuit le parallèle
dans les divers degrés.

Dans la brûlure au premier degré, en effet, la peau,
colorée en rouge vif, se sèche, ne se tuméfie pas ou
à peine, devient immédiatement très-douloureuse,
et peu à peu, suivant l'intensité du mal, reprend son
état physiologique, avec ou sans desquammation.

Dans l'engelure, la peau se tuméfie légèrement, se
colore en rouge-brun, reste moite, ne présente que

peu de douleurs ; bientôt s'établit dans la partie malade une réaction périodique, que la chaleur augmente, et qui donne lieu à un prurit douloureux, à des démangeaisons presque intolérables. L'engelure peut rester très-longtemps stationnaire ou s'ulcérer ; elle ne guérit habituellement que quand la température générale s'adoucit.

Le second degré de la brûlure est caractérisé par des phlyctènes variables en nombre et en volume, renfermant une sérosité opaline, rarement une sérosité roussâtre ; le plus souvent les phlyctènes s'affaissent, protègent le derme, et favorisent la formation d'un nouvel épiderme ; quelquefois elles donnent lieu à une sécrétion purulente fournie par des granulations d'un rouge vif. Cette sécrétion dure peu de temps ; encore ne se remarque-t-elle que sur quelques points isolés, lorsque la phlyctène a été d'une grande étendue.

La gelure au deuxième degré ne donne lieu, le plus souvent, qu'à une seule phlyctène de volume moyen, au milieu d'une aréole rouge-brun, renfermant une sérosité purulente fournie par des granulations grisâtres, à forme et à marche ulcéreuse, et donnant quelquefois du sang. Beaucoup plus fréquemment que dans la brûlure, la sérosité de ces phlyctènes est sanguinolente, et nous avons appelé l'attention sur les épanchements sanguins très-considérables que l'on ne rencontre pas ailleurs que dans les gelures.

Les escharres des degrés suivants de la brûlure diffèrent notablement de celles que l'on rencontre dans les congélations : elles sont de couleur jaune fauve, dorées, brunes et sonores dans le premier cas ; dans le second, on les trouve livides et noirâtres, conservant une certaine mollesse, et n'acquérant la sonoréité du bois que quand une partie toute entière a été momifiée ; cette momification n'arrivant pas toujours, les parties sphacélées tombent en détritus humide et pultacé.

L'épiderme, dans les brûlures, participe toujours de l'altération des tissus sous-jacents ; dans les congélations, il semble quelquefois intact, et l'escharre des parties profondes s'aperçoit par transparence.

Il est rare qu'un membre atteint de brûlure à un degré élevé ne présente pas, aux environs du mal, les degrés inférieurs en progression décroissante ; le contraire s'observe dans les congélations.

Dans celles-ci, la chute des escharres, au lieu de laisser, comme dans celles-là, des bourgeons charnus de bonne nature, roses et tendant à la cicatrisation, met à nu des végétations ou des ulcérations exubérantes, fongueuses, mollasses, noires et grisâtres, suppurant abondamment, saignant avec la plus grande facilité, et ordinairement très-douloureuses.

Les escharres, dans les brûlures, sont la plupart du temps produites instantanément ; elles ne sont pas toujours le résultat de la gangrène, et sont constituées, à proprement parler, par la carbonisation des tissus ; tandis que dans la congélation elles sont dues à l'asphyxie locale plus ou moins étendue et plus ou moins prolongée, et au travail réactionnel s'établissant dans les parties mêmes ou aux environs.

Les phénomènes généraux ne présentent pas des différences moins tranchées : la douleur ne se rencontre pas, dans les congélations, au degré d'acuité extrême que l'on observe dans les brûlures, surtout dans celles des degrés inférieurs ; un mouvement réactionnel et inflammatoire s'établit franchement dans celles-ci, et c'est alors seulement que le praticien doit être en garde contre les affections viscérales. Dans celles-là, au contraire, l'économie semble déprimée toute entière, la fièvre s'allume à peine, et dès le début l'attention est appelée vers les accidents du tube digestif.

En définitive, la marche des brûlures vers la guérison est plus rapide et plus franche ; dans les gelures, plus lente et moins tranchée.

Nous ne nous occuperons pas du traitement des gelures des premiers degrés; nous nous contenterons d'appeler l'attention sur les vastes épanchements sanguins sous-épidermiques dont nous avons parlé, épanchements simulant à s'y méprendre la gangrène momifique, et pouvant exposer le chirurgien, qui croirait devoir opérer avant la délimitation des escharres, à enlever des organes pleins de vie et qui n'ont que l'apparence de la gangrène.

Lorsque les gangrènes se présentent par plaques ou par points isolés, le traitement ne diffère pas de celui qu'on a institué pour les gangrènes en général; nous ferons remarquer, cependant, que nous n'avons trouvé qu'une utilité fort contestable à certaines pommades ou onguents, aussi bien qu'aux poudres tant vantées de charbon, de camphre et de quinquina, tandis que ces divers topiques ont l'inconvénient bien réel de masquer et de salir les plaies et les parties voisines, et d'y former un enduit indélébile aussi désagréable à l'œil que nuisible aux fonctions de la peau restée saine. Nous avons, au contraire, trouvé quelque avantage dans l'emploi de compresses imbibées d'une solution de sulfate de fer qui solidifie les escharres et leur enlève toute odeur; mais lorsque la gangrène envahit les parties dans leur totalité, qu'un ou plusieurs orteils, tout l'avant-pied, le pied, la jambe à une hauteur plus ou moins grande, sont atteints, la question d'amputation se trouve posée.

Faut-il, ou ne faut-il pas opérer? Et, dans le cas où l'on se déciderait à une opération, est-ce immédiatement ou secondairement que l'on doit la pratiquer?

La nécessité absolue de l'opération domine la question si longtemps débattue des opérations primitives et secondaires; or, il semblerait que dans les cas qui nous occupent, c'est aux opérations primitives que le chirurgien devrait avoir recours. En effet, les parties congelées sont irrévocablement perdues, leur séparation doit occasionner aux malades de longues et vives douleurs, donner une abondante suppuration, et prolonger presque sans limites le séjour des

blessés dans les hôpitaux. Néanmoins, des raisons
plus puissantes militent en faveur de la pratique op-
posée. La marche des accidents que nous avons décrits, marche lente, simple et régulière, ne provo-
quant pas de perturbations violentes dans l'économie ; la vie des malades n'étant pas immédiatement
compromise ; une attente de quelques jours n'aggra-
vant pas la situation du sujet, permettant au contraire au chirurgien de combattre quelques compli-
cations accidentelles et de relever les forces dépri-
mées, laissant à la nature le temps de poser plus
exactement les limites entre le mort et le vif : telles
sont les causes qui ont fait de la temporisation notre
règle de conduite.

Un moment, cependant, nous avons hésité en présence des malheureux qui avaient toute la partie
inférieure des deux jambes gelée et gangrénée.
Les diarrhées incoërcibles dont ils étaient atteints,
l'état d'anéantissement complet dont ils étaient frappés et dont rien ne pouvait les faire sortir, nous ont
décidé à ne pas les opérer : tous ont succombé avant
que le sillon éliminateur du sphacèle ne fût tracé, et
nous ne savons pas qu'aucun de nos confrères dont
la pratique a différé de la nôtre ait sauvé un seul de
ses opérés dans les circonstances que nous venons
de dire.

M. Schrimpton a cependant publié des succès dans sa
*Relation médico-chirurgicale de l'expédition de Bou-
Thaleb;* ces succès sont explicables par les conditions
où se trouvaient les hommes auxquels il a eu affaire :
un froid très-vif et subit les avait surpris dans le
meilleur état de santé et n'avait duré que trente-six
heures. Mais un autre historien de cette malheureuse
affaire, M. Ladureau, ne paraît pas, il faut bien le dire,
partager la manière de voir de M. Schrimpton , et
semble n'avoir eu qu'à se louer de la temporisation.

Les auteurs du *Compendium de chirurgie,* dans
leur article sur la gangrène, exposent, sous forme
dubitative, cette doctrine, qu'il y a peut-être moins

de danger à laisser à la nature seule le soin de séparer un membre sphacélé, qu'à l'abattre, alors même qu'on le ferait à la limite du mal. Nous ne sachons pas que l'expérience ait encore prononcé en faveur de cette manière de voir, et l'attente pour nous a des bornes que nous allons essayer de tracer. Nous croyons que, outre l'immense inconvénient, sous le rapport hygiénique, de conserver dans un hôpital un foyer d'infection pareil à celui de quelques centaines de malheureux plus ou moins en putréfaction, outre le temps fort long et la difficulté de leurs pansements, considération sérieuse aux armées, il est encore d'autres raisons qui doivent engager le chirurgien à intervenir activement.

Nous avons pu comparer les résultats obtenus par l'abstention de toute opération, et ceux qu'ont donnés les opérations régularisatrices.

Si la nature est avare de sacrifices, si des pertes de substance énormes ont été par elle réparées en dépit de toute prévision, le temps considérable qu'elle met à réaliser ses bénéfices les compromet aussi bien souvent.

La chute des os se fait attendre des mois entiers, pendant lesquels les plaies présentent des fongosités bourgeonnantes, saignantes et suppurantes dont nous avons parlé; elles sont excessivement douloureuses, très-difficiles à entretenir dans un état de propreté convenable, et maintiennent le blessé dans une atmosphère d'une odeur aussi repoussante pour lui que pour ceux qui sont appelés à lui donner des soins. La présence de ces os, nécrosés dans une étendue toujours plus grande qu'elle ne paraît au premier abord, provoque dans les parties molles un état inflammatoire qui, au lieu de se borner au rôle éliminateur, amène au contraire la mortification d'une portion d'os plus considérable, donne naissance à des abcès circonvoisins, et, gagnant de proche en proche les articulations, en ramollit les éléments, les altère et les détruit, compromet l'existence de l'os supérieur, et frappe de mort dans sa totalité l'os inférieur, qui dans le principe n'était que partiellement affecté.

Quand il ne s'agit que de phalanges ou même d'orteils en totalité, à l'exception du premier, on peut, sans grand inconvénient, en attendre la séparation, qui tarde toujours très-longtemps; néanmoins, les bourgeons charnus, mollasses et grisâtres, ne fournissent à la cicatrisation que des éléments de mauvaise nature. Aussi la cicatrice marche-t-elle avec une lenteur désespérante, s'organise-t-elle souvent de la façon la plus irrégulière, et demeure-t-elle si longtemps douloureuse, que la marche est rendue difficile, laborieuse, quelquefois même impossible, et la chaussure insupportable. Il y a peu de jours que nous avions dans nos salles, au Val-de-Grâce, deux militaires qui, huit mois après avoir eu les orteils gelés en Crimée, pouvaient à peine encore aujourd'hui faire quelques pas : chez l'un, la deuxième phalange du troisième orteil ne s'était pas encore détachée; chez l'autre, les ongles, renversés en arrière, croissaient perpendiculairement aux orteils, qui ne pouvaient supporter le plus léger contact.

C'est en constatant déjà à Constantinople ces fâcheux inconvénients, que nous nous sommes décidé à enlever soit les phalanges, soit les orteils gangrénés, nous bornant la plupart du temps à une régularisation. Quand il s'est agi du gros orteil, souvent nous avons essayé d'enlever la première phalange dans sa continuité, et souvent aussi nous avons été obligé d'en venir à l'ablation de la portion restante dans sa contiguïté.

Il nous est arrivé sept fois sur dix de trouver, dans la désarticulation métatarso-phalangienne du gros orteil, la tête du premier métatarsien malade elle-même, et d'être dans la nécessité de l'enlever : le volume de cet os et le peu d'épaisseur des ligaments qui le protègent, nous ont paru la cause de ce fâcheux privilège.

L'extrémité antérieure des autres métacarpiens,

plus profondément cachée dans la plante du pied, était plus rarement atteinte.

Quand l'avant-pied a été frappé de gangrène sur une hauteur plus ou moins grande, nous croyons qu'il convient d'agir à plus forte raison ; mais ici ce doit être avec une extrême prudence et la plus grande réserve : non-seulement on attendra que le cercle délimitateur soit complètement tracé, mais encore que les parties vivantes qui le bornent soient diminuées de volume, aient perdu leur tension et leur chaleur, récupéré en partie leur souplesse et leur coloration normale. On se gardera d'opérer si elles conservent encore la teinte rouge-brun et l'empâtement dont nous avons parlé.

Dans ces cas, l'action intempestive de l'instrument tranchant a amené la gangrène de toutes ces parties, qui, plus longtemps et plus sagement respectées, eussent pu revenir à leur état physiologique.

Si nous attachons une importance plus grande à l'intervention du chirurgien dans les congélations des avant-pieds que dans celles des phalanges et des orteils, c'est que dans celles-ci la nécrose se borne la plupart du temps à la tête, ou même à une portion de la tête des métatarsiens, dont la diaphyse compacte résiste mieux à la carie ; tandis que dans celles-là, au contraire, en dépit de l'industrieuse parcimonie de la nature, l'altération primitive des métatarsiens dans une notable étendue de leur longueur (et souvent même dans toute leur longueur) tend à se propager vers leurs extrémités tarsiennes, détache leurs cartilages inter-articulaires d'abord, puis ceux des os du tarse qu'elle gagne, et que leur mode d'union et leur contexture spongieuse disposent plus que tous les autres à la carie et aux arthrites purulentes.

En agissant ainsi, du reste, le chirurgien ne fait que ce qu'il pratique chaque jour, lorsqu'il résèque l'extrémité d'un os faisant saillie à la surface du moignon, à la suite d'une amputation.

Aussi, tout en obéissant à cette loi qui commande

de laisser dans les opérations partielles le plus de longueur possible à l'avant-pied, pensons-nous qu'il convient de remonter jusqu'à l'articulation supérieure aux os altérés que l'on enlève, pour assurer le résultat définitif. On n'est jamais assez sûr de ne laisser que des parties parfaitement saines en opérant dans la continuité.

Afin de conserver à la voûte plantaire antérieure la plus grande étendue, nous avons souvent mis en usage les procédés d'amputation partielle du pied de M. Baudens, en quelque sorte commandés.

C'est ainsi que nous avons désarticulé plusieurs fois le premier métatarsien, en sciant les autres à la même hauteur, et que nous avons enlevé les trois cunéiformes ne sciant le cuboïde par le milieu.

Trois fois nous avons pratiqué l'amputation de Lisfranc.

Très-souvent nous avons fait l'ablation isolée du premier et du cinquième métatarsiens.

Deux fois nous avons trouvé l'occasion d'extraire le cuboïde et les métatarsiens correspondants.

Il ne s'est présenté à nous aucun cas qui fournît l'indication de l'opération de Chopart : quand la congélation en était venue à s'emparer du métatarse et du tarse dans une certaine étendue, elle était arrivée à un degré plus considérable encore sur les malléoles elles-mêmes, recouvertes par des tissus moins épais, et nous avons pu, tout simplement avec des ciseaux, détacher des pieds dans l'articulation tibio-tarsienne, alors que nous n'avons pas trouvé la possibilité de pratiquer l'amputation de Chopart, ou l'amputation sous-astragalienne.

Les succès dans les opérations sur la continuité ont été moindres que dans les opérations dans la contiguïté.

Si satisfaisantes comme résultat immédiat, si précieuses comme but proposé, les opérations de M. Baudens restaient quelquefois incomplètes, en ce sens que des portions d'os se détachaient ultérieurement. Nous croyons devoir rapporter cet accident à deux causes : d'abord à l'altération préalable des os déjà signalée ; en second lieu, à l'action de la scie, aussi bien sur les os eux-mêmes que sur les parties molles, difficiles à protéger alors qu'elles auraient eu besoin des plus grands ménagements.

Dans aucune de ces opérations partielles du pied, nous n'avons pu suivre un procédé classique. La destruction des téguments à peu près à égale hauteur sur les faces dorsale et plantaire, commandait des amputations à deux lambeaux, l'un antérieur, l'autre postérieur, obtenus par deux incisions longitudinales sur les bords du pied, venant tomber sur une incision circulaire. Il faut prendre garde, dans ces cas, que le côté interne du pied, présentant plus d'épaisseur que son côté externe, a besoin de plus de téguments pour être recouvert, et que l'incision circulaire ne doit pas être faite perpendiculairement à l'axe de l'organe, mais suivant la direction indiquée par la courbe que donne la commissure des orteils, c'est-à-dire qu'elle doit descendre beaucoup plus bas en dedans qu'en dehors : elle est, à proprement parler, ovalaire.

On ne saurait assez recommander de n'enlever que le moins de téguments possibles, et de respecter de son mieux les bourgeons charnus de nouvelle formation, qui, après les opérations, pour peu qu'ils aient été froissés, se gangrènent avec la plus grande facilité.

Les moignons doivent être pansés avec la mollesse, la légèreté et la dextérité la plus grande. Il est inutile de dire que les points de suture doivent être bannis de la réunion, et que l'application des bandelettes agglutinatives demande à être sévèrement surveillée. C'est dans ces cas, peut-être, demandant une vigilance de tous les instants pour s'assurer de l'état des parties, qu'il doit être permis au chirurgien militaire d'enfreindre la règle des pansements rares qui lui est généralement imposée.

www.ingramcontent.com/pod-product-compliance
Ingram Content Group UK Ltd.
Pitfield, Milton Keynes, MK11 3LW, UK
UKHW020042080726
13614UKWH00004B/1903